BEI GRIN MACHT SICH IHR WISSEN BEZAHLT

- Wir veröffentlichen Ihre Hausarbeit, Bachelor- und Masterarbeit

- Ihr eigenes eBook und Buch - weltweit in allen wichtigen Shops

- Verdienen Sie an jedem Verkauf

Jetzt bei www.GRIN.com hochladen und kostenlos publizieren

Bibliografische Information der Deutschen Nationalbibliothek:

Die Deutsche Bibliothek verzeichnet diese Publikation in der Deutschen National-
bibliografie; detaillierte bibliografische Daten sind im Internet über http://dnb.d-
nb.de/ abrufbar.

Impressum:

Copyright © 2003 GRIN Verlag, Open Publishing GmbH
Druck und Bindung: Books on Demand GmbH, Norderstedt Germany
ISBN: 978-3-668-14008-0

Dieses Buch bei GRIN:

http://www.grin.com/de/e-book/283359/die-geschichte-namibias-von-der-fruehzeit-
bis-heute

Cornelia Haldenwang

Die Geschichte Namibias von der Frühzeit bis heute

GRIN Verlag

Die Geschichte Namibias von der Frühzeit bis heute

Cornelia Haldenwang

Inhaltsverzeichnis

Die Zeit bis 1485

Die Geschichtsschreibung Namibias beginnt eigentlich erst im Zuge der Kolonialisierung, dabei ist insbesondere die deutsche Geschichtsschreibung sehr ausführlich. Die Geschichte vor der Kolonialzeit ist nur durch mündliche Überlieferungen in Form von Legenden, Riten oder Mythen der verschiedenen Stämme Namibias erhalten. Es gibt kaum historische Schriftstücke aus dieser Zeit.

Der älteste Fund einer Ausgrabung bei Otavi in der Kombat-Mine ist ein schätzungsweise 12 Millionen Jahre alter Kieferknochen eines Otavipithecus namibiensis.

Felsmalereien, die auf die Existenz von Menschen schließen lassen, hat man im Brandbergmassiv, dem Erongo-Gebirge, der Spitzkoppe, dem Khomas-Hochland und bei Twyfelfontein gefunden. Die Felszeichnungen in den Hunsbergen bei dem Nuob Rivier, in der sogenannten Apollo-11-Grotte, sind die ältesten Indizien menschlichen Lebens in Namibia. Diese Zeichnungen sollen Schätzungen nach ca. 26.000 v. Chr. entstanden sein.

Am bekanntesten unter den Felsmalereien ist die „Weiße Frau", die in der Tsisab-Schlucht am Brandberg gefunden wurde und anhand von Nachforschungen Dennigers auf ca. 1200 bis 1800 Jahre geschätzt wird.[1]

Einige Forscher nehmen an, dass die Felsmalereien von Angehörigen der San angefertigt wurden und diese somit als erste Menschen das Gebiet besiedelten. Dahle und Leyerer führen dagegen an, dass bei den Malereien Zeichnungen des Mondes, der Hasen, Schildkröten und Schakale fehlen, die aber bei den Mythen der San eine große Rolle spielen. Die Autoren stellen somit die Behauptung, die Malereien seine von den San angefertigt worden, in Frage.[2]

Einstimmigkeit unter den Forschern herrscht darüber, dass die Malereien Aufschluss über die Lebensweise der Menschen, die Bilder gemalt haben, geben: Sie waren Jäger und Sammler und lebten in Hütten.[3]

Vermutungen, dass sich um die Zeitenwende die ersten Vorfahren der jetzigen Namas, die Khoe, im südlichen Teil Namibias ansiedelten und ein Leben als Wanderhirten führten, stützen sich auf Reste solcher Siedlungen der Wanderhirtenschaft in der Namibwüste an der Mündung des Kuisebriviers.[4]

---

[1] Vgl. Dahle/Leyerer, 2001, S. 219-220; 224.

[2] Vgl. Dahle/Leyerer, 2001, S. 219.

[3] Vgl. Dahle/Leyerer, 2001, S. 106.

[4] Vgl. Dierks, Klaus. 2003. "Chronologie der namibischen Geschichte. Von der vorgeschichtlichen Zeit zur Unabhängigkeit und danach". <http://www.klausdierks.com/Geschichte/1.htm> (05.03.03).

Die Gruppe der Nama, von den Europäern als Hottentotten bezeichnet, wanderte ab ungefähr 100 v. Chr. bis ca. 1500 aus dem Gebiet des heutigen Südafrika und Botswana in den Süden Namibias bis hin zur Etoscha-Pfanne ein.

Anfänge der Kolonialisierung

Der erste Europäer, Diego Cão, der die Küste Afrikas erforschen wollte, um einen Seeweg nach Indien auszumachen, landete 1486 in Namibia am heutigen Cape Cross. Er ließ dort ein Kreuz aus Kalkstein errichten.

Im Jahr 1488 umsegelte der Portugiese Bartholomeu Diaz das Kap der Guten Hoffnung und setzte seinen Fuß in der Lüderitz-Bucht auf namibischen Boden, um dort sein Kreuz aufzustellen.

Erwähnt sei an dieser Stelle, dass Anfang des 17. Jahrhunderts Angehörige der Bantusprachen den Norden Namibias besiedelten. Sie kamen aus Gebieten des östlichen Afrikas.[5] Dierks dagegen behauptet, die ersten Ovambo seien schon ab dem 15. Jahrhundert, und die ersten Ovahereros ab dem 16. Jahrhundert nach Namibia eingewandert. Er schreibt weiter, dass einige Geschichtswissenschaftler vermuten, die Vorfahren der jetzigen Ovambo und Ovaherero seien aus dem zentralen Teil Afrikas – aus dem Gebiet der Großen Afrikanischen Seen – ausgewandert, da dort noch bis heute ähnliche Sprachen gesprochen werden wie die der Ovambo und Herero.[6]

Da die Portugiesen kein sehr großes Interesse an dem kargen, trockenen Land hatten, begann eigentlich erst mit der Ankunft der Holländer – durch die Landung von Jan von Riebeck am Kap im Jahr 1652 – die Erforschung des südlichen Afrikas. Dabei sollte insbesondere die südwestafrikanische Küste durch die Mannschaft des Kapitäns Muys (1670) und Womba (1677) erforscht werden. Die Forschungsreisen der Holländer in die Nebelwüste mit ihren Bewohnern, den ihnen nicht sehr freundlich gesinnten Namas, die bewaffneten Widerstand leisteten, entsprachen nicht ihren Vorstellungen, so dass weitere Entdeckungsfahrten vorerst unterblieben.

1738 überquerten schließlich europäische Forscher der südafrikanischen holländischen Ost Indien Gesellschaft[7] den Gariep, d.h. den heutigen Oranje.

---

[5] Vgl. Iwanowski, 2002, S. 16.

[6] Vgl. Dierks, Klaus. 2003. "Chronologie der namibischen Geschichte. Von der vorgeschichtlichen Zeit zur Unabhängigkeit und danach". <http://www.klausdierks.com/Geschichte/2.htm> (05.03.03).

[7] Die „East Indien Company" war 1602 von den Holländern gegründet worden, um im pazifischen und indischen Ozean Handel zu betreiben.

Um ca. 1750 wurden die Küstenstandorte bei Lüderitz- und Walfisch-Bucht unter den Schutz der holländischen Regierung gestellt, da man die Einflussnahme anderer europäischer Länder fürchtete.

Die Zeit der Missionare und der Entdecker

Die Missionare, die selbst oft aus tiefer innerer Überzeugung den afrikanischen Menschen das Christentum näher bringen wollten, wurden von den Regierungen der Kolonialmächte England und Holland dazu benutzt, Einfluss auf die Bevölkerung zu nehmen, indem sie europäische Kultur, Bildung etc. einführten.[8]

Die im Jahr 1795 gegründete Londoner Missionsgesellschaft begann 1806 mit der Missionierung der Gruppe der Nama. Das erste Missionshaus wurde in Warmbad errichtet. 1799 formierte sich die Rotterdamer Missionsgesellschaft. 1840 bekam die Rheinische Missionsgesellschaft alle Rechte der Londoner Missionsgesellschaft zugesprochen.

Im Jahr 1805 errichteten die Missionare Albrecht aus Berlin das erste Lehmhaus Namibias in Warmbad und 1811 folgte das – laut Peter und Livia Pack – angeblich erste Steinhaus Namibias in Bethanien durch den Missionar namens Schmelen.[9]

Weitere Missionsstationen wurden beispielsweise in Windhoek (1842), Okahandja (1844), Rehoboth (1845), Gobabis (1851), Keetmanshoop (1866) und Omaruru (1867) gegründet.[10]

Die Oorlam-Nama aus der Kapregion, die dort von der Regierung unterdrückt worden waren, flohen um 1840 in Richtung Norden und baten Missionare, mit ihnen zu kommen.

Die Kämpfe der aus dem Norden kommenden Herero und der aus dem Süden kommenden Nama um Land im Raum Windhoek und Okahandja, veranlassten die deutschen Missionare, sich Schutz von dem deutschen Reich zu erbeten. Dieses Gesuch wurde vorerst wegen mangelnden Interesses an Kolonien von Seiten des deutschen Reiches abgelehnt.

Francis Galton und Charles Andersson erforschten um 1850 das Gebiet der Ovambo von der Etoscharegion bis zum Kunene hin, auf der Suche nach dem See Ngami, den Andersson 1853 schließlich im heutigen Gebiet Botswanas fand.

---

[8] Vgl. Pack, 2002, S. 131; siehe dazu auch Nachtwei, 1976, S. 33-34, trotz der ideologischen Voreingenommenheit. Das Verhältnis von Mission und Kolonialismus wird besonders ausführlich aufgezeigt bei Vries, 1980, S. 79-123.

[9] Diese Angabe widerlegte der Historiker und Ingenieur Dierks durch die Entdeckung der Ruine eines Festungsbaus der Namas bei den Karasbergene.

[10] Iwanowski, 2002, S. 17.

Die Kolonialzeit

Wirtschaftliche Interessen, vor allem seit der Entdeckung von Diamanten bei Kimberley im heutigen Südafrika, veranlasste Großbritannien, nachdem es im Jahr 1878 Walfisch-Bucht annektiert hatte, das Betschuanaland in dem Zeitraum von 1884 bis 1890 zu besetzen, um eine Verbindung zwischen dem südlichen und östlichen Afrika zu bekommen.

Ab 1882 kaufte der aus Bremen stammende Kaufmann Adolph Lüderitz Gebiete bei Angra Pequena, der heutigen Lüderitzbucht, um seinen Tabakhandel auszuweiten. Aus Angst vor den Engländern, bat er um Schutz des deutschen Reiches, der ihm aber zunächst verwehrt wurde.

Bis 1884 gehörte der Teil an der Küste, ausgehend von Cape Frio bis zum Oranje, den Deutschen.

Die Berliner Konferenz (1884/85) legte die Grenzen im Westen Südwestafrikas ab der Oranjemündung bis zur Mündung des Kunene – der Walfisch-Bucht[11], fest und erklärte dieses Gebiet zum Schutzgebiet des deutschen Reiches.

1885 verkaufte Lüderitz sein Land an die neu gegründete deutsche Kolonialgesellschaft, die darauf aus war, Schutzverträge mit der einheimischen Bevölkerung abzuschließen, Siedler anzuwerben und das Land zu verteilen.

Doch die Deutschen konnten aufgrund mangelnder Schutztruppen weder den Nama noch den Herero Schutz bieten, die immer noch sehr verfeindet waren.

Im zwischen dem deutschen Reich und Großbritannien geschlossenen Helgoland-Sansibar Vertrag (1890) wurde der Caprivi-Zipfel – benannt nach dem Nachfolger Bismarcks, dem Reichskanzler Leo von Caprivi – an die Kolonie Südwestafrika angegliedert, um eine Verbindung zu Deutsch-Ostafrika, dem heutigen Tansania, zu schaffen.

Dadurch, dass die Kolonialgesellschaft es nicht schaffte, für Ordnung und Frieden im Land zu sorgen, wurde Hauptmann Curt von Francois mit seinen Soldaten nach Südwestafrika gesandt. Er leitete ab 1891 den Verwaltungsbezirk Windhoek[12] und begann mit einem Festungsbau, der sog. „Alten Feste".[13]

---

[11] Im weiteren Verlauf der Arbeit wird der Übersicht halber die Bezeichnung „Walvis Bay" anstelle von „Walfish-Bay" oder „Walfisch-Bucht" favorisiert.

[12] Lange Zeit wurde der 18. Oktober 1890, an dem der Grundstein der „Alten Feste" gelegt wurde, als Gründungsdatum Windhoeks angesehen. Kritker der Kolonialzeit verweisen aber auf verschiedene Namensgebungen der heißen Quellen an der Stelle des heutigen Windhoek, die auf eine frühere Besiedlung dieses Ortes schließen lassen: Die Herero nannten den Ort „Otjomuise", übersetzt „Dampfplatz"; Missionare der Wesleyan Mission nannten die Stelle „Stadt der Eintracht"; Missionare der Rheinischen Mission nannten den Ort

Doch die Nama unter ihrem Führer Hendrik Witbooi verteidigten sich erfolgreich gegenüber der deutschen Schutztruppe, so dass erst unter dem Nachfolger Francois`, Major Leutwein, im September 1894 ein Friedensvertrag geschlossen werden konnte, der 10 Jahre andauerte. Auf der Grundlage dieses geschaffenen Friedens besiedelten die Deutschen nun vermehrt die Kolonie, so dass Ende 1894 ca. 1200 Europäer in Südwestafrika lebten.

Durch die Abgabe von Land wurde besonders den Herero und Nama die Lebensgrundlage entzogen, so dass diese immer unzufriedener wurden.

Das Gerücht, der den Herero gut gesonnene Major Leutwein sei tot, war der „Funke im Pulverfaß" und veranlasste den Führer der Herero, Samuel Maharero, seine Untertanen zum gewalttätigen Aufstand aufzurufen. Die Herero wollten jedoch die Baster, Damara, Nama und Buren, aber auch die deutschen Frauen, Kinder und Missionare nicht angreifen.

Am 12. Januar 1904 begann der gewalttätige Aufstand mit ca. 7.000 bis 8.000 bewaffneter Männer auf Seiten der Herero. Anfangs erzielten die Herero Erfolge, da Leutwein zu dem Zeitpunkt mit seinen Truppen im Süden war, um dort eine Rebellion der Bondelwarts zu vereiteln. Er eilte jedoch auf schnellstem Weg mit seinen Truppen in Richtung der Aufständischen. Es kam zu verschiedenen Kämpfen, doch konnten die Herero nicht besiegt werden. Sie zogen sich nach jeder Schlacht wieder in ihr Hauptlager am Waterberg zurück, von wo aus sie einen sehr guten Überblich über die Vorgehensweise der deutschen Truppen hatten. Am 11. August 1904, unter der Leitung von General von Trotha, dem Nachfolger von Major Leutwein[14], kam es zu der grausamen Schlacht am Waterberg, bei der viele Frauen, Männer und Kinder der Herero schon während der Schlacht starben oder auf der Flucht in die Kalahari. Wie viele Herero starben, weiß man nicht. Schätzungsweise 10.000 bis 14.000, vielleicht aber auch 40.000 bis 60.000. Es überlebten ungefähr nur 20.000 Herero die Schlacht.

Im Oktober desselben Jahres widersetzten sich die Nama gewaltsam der deutschen Besatzungsmacht unter der Leitung von Witboois, der aber 1905 bei einem Kampf starb. Die Unruhen dauerten bis zum März des Jahres 1907 an. Schließlich wurde der Krieg als beendet

---

"Elberfeld" oder „Zankbrunnen". Die Jonker Afrikaner, die ab 1840 hier siedelten, gaben dem Ort den Namen „Winterhoek" oder „Went Hoek". Vgl. dazu Dahle/Leyerer, 2001, S. 285-286.

[13] Iwanowski, 2002, S. 19.

[14] Major Leutwein und Generalleutnant von Trotha waren die „Vertreter der zwei politischen Linien innerhalb der Kolonialmacht: Unterwerfung der Afrikaner durch 'Teilen und Herrschen' (Leutwein) und Unterwerfung durch 'Ströme von Blut und Geld' (Trotha)." Nachtwei, 1976, S. 37.

betrachtet und Schutzverträge unterzeichnet. Die schwarze Bevölkerung durfte von diesem Zeitpunkt an kein Land und Vieh mehr besitzen.

Walter Nuhn beschreibt die Unterdrückung der Eingeborenen von Seiten der Deutschen mit folgenden Worten:

„Und sie [die weißen Siedler] ließen es den Afrikaner spüren, wer jetzt Herr in Südwest war und wie es demjenigen ergeht, der sich dem Willen den [sic] weißen Mannes widersetzt! Versuchte ein Afrikaner, sich der verordneten Zwangsarbeit zu entziehen, so wurde regelrecht Jagd auf ihn gemacht. Wer sich nach Meinung des Farmers bei der Arbeit träge, unwillig oder aufsässig zeigte, wer die Arbeit verweigerte, der wurde zur nächsten Polizeistation abgeführt. Hier wurde dann an Ort und Stelle die Prügelstrafe, meist 10 bis 15 Schläge, an ihm vollzogen."[15]

Die Entdeckung der ersten Diamanten bei Lüderitz (1908) führte zu einem wirtschaftlichen Aufschwung und einem Ausbau der Eisenbahnlinien und Straßen.

Die Zeit nach 1914

Mit Ausbruch des Ersten Weltkrieges marschierten südafrikanische Truppen unter dem Druck Großbritanniens in Südwestafrika ein. Im Juli 1915 mussten die deutschen Truppen bei Khorab kapitulieren.[16] Soldaten der deutschen Schutztruppe kamen in Internierungslager, so dass beispielsweise 1550 Gefangene in der Nähe der Stadt Aus bis 1918 gefangen gehalten wurden. Die Deutschen, die in dem Kriegsgefangenenlager in Zelten leben sollten, bauten sich aus selbstgebrannten Ziegeln Häuser mit Wasserleitungen, wovon heute noch die Ruinen zu sehen sind.[17]

Im Vertrag von Versailles wurde schließlich im Jahr 1919 bestimmt, dass das deutsche Reich von nun an keinen Anspruch auf seine Kolonien habe, 4000 deutsche Siedler wurden ausgewiesen, Deutsch als Amtssprache wurde durch Englisch und Holländisch ersetzt und viele deutsche Schulen geschlossen. 1921 wurde Südwestafrika durch den Völkerbund für 25 Jahre zum sogenannten C- Mandat Südafrikas erklärt.

Ab dieser Zeit siedelten sich sehr viele südafrikanische Buren in Südwestafrika an.

---

[15] Nuhn, 2000, S. 277.

[16] Es wird berichtet, dass die Deutschen aus Angst vor den Südafrikanern auf ihrer Flucht ihr Gold, ihre Dokumente und Diamanten im Otjikoto See versenkt hätten. Vgl. dazu Pack, 2002, S. 344.

[17] Iwanowski, 2002, S. 286.

Zu Beginn des Zweiten Weltkrieges wurden aufs Neue die Deutschen Südwestafrikas in Internierungslager untergebracht.[18]

Im Jahr 1948 gewann die Nationale Partei Südafrikas die Wahlen und führte die Politik der Apartheid ein, aus der 1962 der Odendaalplan hervorging. Dieser Plan, der ab 1964 umgesetzt wurde, beinhaltete die Errichtung von 10 „Homelands". Daraufhin wurden die Bewohner Südwestafrikas aufgrund ihrer Ethnie in 11 Bevölkerungsgruppen eingeteilt. Damit war für die Farbigen kein eigenes Gebiet übrig. Die Weißen wurden dabei eindeutig bevorzugt: Sie erhielten 46,7% des Landes, obwohl sie nur 7,5% der Bevölkerung ausmachten, die Schwarzen und Farbigen bekamen 39,7% des Landes mit einer Bevölkerungszahl von 933.700. Der übrige Teil des Landes gehörte der Regierung, zum Diamantensperrgebiet oder zu den Wild- und Nationalparks.[19] Diese Einteilung zeigt die Karte „Homelands anhand des Odendaalplans" im Anhang.

Von 1950 bis 1971 wurde im Internationalen Gerichtshof in Den Haag immer wieder über Südwestafrika verhandelt, da die UNO der südafrikanischen Regierung ihr Mandatsgebiet entziehen wollte, diese aber die UNO nicht anerkannte und Südwestafrika beanspruchte. 1966 bestimmt die UNO, dass Südwestafrika nicht mehr zu Südafrika gehört und übernahm selbst die Verantwortung für dieses Land. In dieser Zeit begann der bewaffnete Kampf der SWAPO[20] im Ovamboland gegen die südafrikanische Vorherrschaft, die 1960 von der im Exil lebenden namibischen Bevölkerung gegründet worden war.

1968 wurde das Land Südwestafrika vom UN-Sicherheitsrat auf Wunsch der Bevölkerung in „Namibia" umbenannt.

1971 bestimmte die UNO, dass die Mandatsherrschaft Südafrikas über Namibia illegal sei, und 1973 wurde schließlich die SWAPO von der UNO als Repräsentation des namibischen Volkes anerkannt.

Während die südafrikanische Regierung die Aufständischen innerhalb der namibischen Bevölkerung sehr stark unterdrückte, brach eine Flüchtlingswelle nach Angola los, das seit 1975 unabhängig geworden war, so dass 1988 ca. 50.000 namibische Flüchtlinge in Angola lebten.

---

[18] Von dieser Zeit handelt das Buch des Geologen Henno Martin „Wenn es Krieg gibt, gehen wir in die Wüste", der mit seinem Freund, dem Geologen Herrmann Korn, aus Angst vor der Internierung in die Namibwüste in der Nähe des Kuisebriviers flüchtete und dort mehr als zwei Jahre überlebte.

[19] Vgl. Iwanowski, 2002, S. 25.

[20] Die South West African People`s Organization, mit Sam Nujoma als Präsident, wird Nachfolgeorganisation der Ovamboland People`s Organization (OPO).

Die Angriffe des südafrikanischen Militärs gegen die SWAPO eskalierten am 4. Mai 1978 durch einen Luftangriff auf ein SWAPO-Lager in Cassinga in Angola bei dem ca. 600 Menschen starben.[21]

Der UN-Sicherheitsrat beschloss 1978 die Resolution 435, in der es hieß, dass die Unabhängigkeit Namibias von der Durchführung freier Wahlen unter Aufsicht der UNO abhängig gemacht werde. Die Wahl zur Bildung einer Nationalversammlung, woran sich alle ethnischen Bevölkerungsgruppen erstmals beteiligen durften, wurde aber von der UNO nicht anerkannt, da die SWAPO sich nicht an den Wahlen beteiligt hatte. Wahlsieger war die Partei der DTA (Demokratische Turnhallen-Allianz)[22]. Erfolge der DTA-Regierung unter Dirk Mudge waren die Abschaffung der Apartheidsgesetze.

Von da an folgten bis zum Jahr 1989 mehrere Übergangsregierungen, die aber immer von Südafrika eingesetzt wurden.

Der Weg bis zur Unabhängigkeit Namibias und die Zeit bis heute

1989 geschahen erste Verhandlungen, um die Resolution 435 durchsetzen zu können. Voraussetzung für ein unabhängiges Namibia war ein Waffenstillstand zwischen Südafrika und Angola, und ein Zurückziehen der kubanischen Truppen aus Angola, so dass am 1. April 1989 die Einführung der Resolution 435 begann. Im November desselben Jahres fanden freie, von der UNO beaufsichtigte Wahlen statt, bei der die SWAPO mit 57% der Stimmen gewann. Im Februar wurde eine demokratische Verfassung aufgestellt und am 21. März 1990, dem Tag der namibischen Unabhängigkeit, nahm die namibische Regierung mit dem Präsidenten Sam Nujoma an der Spitze ihre Arbeit auf.

---

[21] An dieser Stelle soll auf das Buch „Namibische Passion" von dem Pastor der Rheinischen Mission Wuppertal, Siegfried Groth, hingewiesen werden, in dem verschiedene Lebensberichte der SWAPO-Dissidenten während der Unabhängigkeitsbewegung beschrieben werden. Siegrfried Groth, der zeitweise als Seelsorger bei den namibischen Exilanten lebte, zeigt in seinem Buch eindrücklich die Greueltaten der Südafrikaner auf. Es werden jedoch auch die Grausamkeiten und Foltermethoden der SWAPO an ihren eigenen Mitgliedern, die von der SWAPO heute geleugnet oder zumindest verschwiegen werden, nicht ausgelassen und mit Aussagen von Betroffenen unterstützt.

[22] Die DTA, benannt nach dem Tagungsort der konstitutionellen Versammlung in einer Turnhalle in Windhoek, die im Jahr 1975 tagte, ist ein Zusammenschluss verschiedener politischer Gruppierungen, die sich gegen die starke Bevormundung Südafrikas wandten.

1993 ist das Jahr, in dem der Namibia-Dollar eingeführt wurde, der bis heute an den südafrikanische Rand mit dem Verhältnis von 1:1 gekoppelt ist.[23]

Walvis Bay und die Atlantikinseln, die bis dahin noch Teil Südafrikas waren, wurden 1994 an Namibia abgegeben. Die SWAPO erhielt in diesem Jahr im Parlament eine Zweidrittelmehrheit.

Die Aussendung namibischer Soldaten (1998) zur Unterstützung des Präsidenten Kabila gegen Rebellen im Kongo führte teilweise zu Protesten der namibischen Bevölkerung.

Obwohl in der Verfassung verankert ist, dass der Präsident nur für zwei Legislaturperioden amtieren darf, beschloss die SWAPO-Regierung, dass der Präsident bei seiner ersten Amtszeit von der verfassungsgebenden Versammlung nicht gewählt, sondern eingesetzt worden wäre, so dass er berechtigt sei, zum dritten Mal als Präsident zu regieren.

Aufstände von Rebellen in Angola (1999/2000) und separatistische Bewegungen in der Capriviregion führten zu Unruhen im Caprivi-Zipfel, so dass man nur mit militärischer Begleitung als Tourist dieses Gebiet besuchen konnte, was zu einem Rückgang der Tourismusbranche im Caprivigebiet führte.

Im Jahr 2002 beruhigte sich die Lage wieder, die Grenzen nach Angola sind wieder geöffnet, wovon Namibia sich einen großen wirtschaftlichen Aufschwung durch einen Handel mit Angola verspricht.[24]

Weitere Informationen zu diesem Thema finden Sie in: „Tourismus in Namibia" von Cornelia Haldenwang.

ISBN: 978-3-638-01312-3

http://www.grin.com/de/e-book/87147/

---

[23] Dabei ist zu beachten, dass überall in Namibia mit dem südafrikanischen Rand bezahlt werden kann, umgekehrt in Südafrika der namibische Dollar aber nicht als Zahlungsmittel angenommen wird. Vgl. dazu Köthe/Schetar, 2001, S. 228.

[24] Bei Gesprächen mit mehreren namibischen Jugendlichen während einer Reise durch Namibia im Dezember/Januar 2002/2003, stellte sich heraus, dass viele Jugendliche in Südafrika ein Studium oder eine Ausbildung in der Tourismusbranche machen wollen, um dann später in Angola ihren Beruf auszuüben, da sie meinen, dass dieses Land bald einen Wirtschaftsaufschwung erleben würde und auch für den Tourismus interessant wird.

Literaturverzeichnis (inklusive weiterführender Literatur)

African Special Tours (AST): „Afrika`03". 2003, S. 50.

Africandesk. „Ein Spaß im Stehen oder Liegen". <http://www.africandesk.com/de/duneboarding.htm> (06.06.03).

Africandesk. „Township Touren". <http://www.africandesk.com/de/township.html> (05.06.03).

Agri-Tourism, Alphabetical Listing of Guest Houses and Game Farms in Namibia. <http://www.agrinamibia.com.na/GuestFarms> (16.05.03).

AIEST. „Informationen zum Kongreß". <http://www.aiest.org/org/idt/idt_aiest.nsf/de/AFE3689530F5C6C7C1256CCD002AAD56?OpenDocument> (18.04.03).

Air Namibia. 2003. „News. Re-commissioning of the Boeing 747-400 combi". <http://www.airnamibia.com.na/news.htm> (21.03.03).

Allgemeine Zeitung (Hg.). „Tumorpatienten aus Deutschland finden in Namibia wieder zu sich selbst". *Allgemeine Zeitung online*, 09.05.2003. <http://www.az.com.na/az/artikel/az-artikel.php4?rubrik=lokales&artikelnummer=2227> (10.05.03).

Allgemeine Zeitung (Hg.): „Swakopmund ist fast ausgebucht". *Allgemeine Zeitung online*, 20.12.2000. <http://www.az.com.na/az/artikel/az-artikel.php4?rubrik=lokales&artikelnummer=74> (07.06.03).

Auswärtiges Amt. „Namibia. Wirtschaft". <http://www.auswaertiges-amt.de/www/de/laenderinfos/laender/laender_ausgabe_html?type_id=12&land_id=118> (16.03.03).

Bank of Namibia. "Opening Address by Mr T K Alweendo, Governor, Bank of Namibia, at The Hospitality Association of Namibia Congress, 10th June1999."<http://www.bon.com.na/speeches/hospitality%20assoc%20congress.htm> (04.05.03).

Bartlett, Des and Jen: „Family Life of Lions". *National Geographic*, December 1982, S. 800-819.

Becker, Christoph u. a.: *Tourismus und nachhaltige Entwicklung. Grundlagen und praktische Ansätze für den mitteleuropäischen Raum.* Darmstadt: Wissenschaftliche Buchgesellschaft, 1996.

Benthien, Bruno: *Geographie der Erholung und des Tourismus*. Gotha: Justus Perthes Verlag, 1997.

Bernecker, Paul: *Geographie und Fremdenverkehr*. S. 42-47. In: Hofmeister, Burkhard; Steinecke, Albrecht (Hg.): *Geographie des Freizeit- und Fremdenverkehrs*. Darmstadt: Wissenschaftliche Buchgesellschaft, 1984 (*Wege der Forschung*, Bd. 592).

Borowski, Barbara: *.BaedekerAllianz Reiseführer. Namibia.* Ostfildern: Karl Baedeker GmbH, ²2000.

Boudon, Barbara: *Namibia. Genussreise und Rezepte.* Weil der Stadt: Walter Hädecke Verlag, 2001.

Buch, Manfred W.: *Klima und Boden als limitierende Faktoren landwirtschaftlicher Nutzung in Namibia.* S. 139-172. In: Lamping, Heinrich; Jäschke, Uwe (Hg.): *Föderative Raumstrukturen und wirtschaftliche Entwicklungen in Namibia.* Frankfurt/Main: Selbstverlag des Institutes für Wirtschafts- und Sozialgeographie, 1993 (*Frankfurter Wirtschafts- und Sozialgeographische Schriften,* Heft 64).

Bundesverband des deutschen Fischgroßhandels e.V. <http://www.fischgrosshandel.org/presse/fischtafel7.pdf> (12.03.03).

Chadwick, Douglas H.; Bartlett, Des and Jen: „Etosha: Namibia's Kingdom of Animals". *National Geographic,* March 1983, S. 344-385.

Christaller, Walter: *Beiträge zu einer Geographie des Fremdenverkehrs.* S. 156-169. In: Hofmeister, Burkhard; Steinecke, Albrecht (Hg.): *Geographie des Freizeit- und Fremdenverkehrs.* Darmstadt: Wissenschaftliche Buchgesellschaft, 1984 (*Wege der Forschung,* Bd. 592).

COFAD GmbH. „Technische Zusammenarbeit mit Namibia in Fischerei und mariner Umweltforschung". <http://www.cofad.de/namibia_d.htm> (12.03.03).

Dahle, Wendula; Leyerer, Wolfgang: *Namibia. Edition Erde Reiseführer.* Bremen: Edition Temmen, 2001.

Davidson, Andee: „Tourism Planning in the North-West – an opportunity für positive change!". *Travel News Namibia,* Dezember 2002-Januar 2003, S. 29.

Der Tour: „Südliches Afrika", 2002/2003, S. 78-79.

Desert Explorers. „Skydiving". <http://swakop.com/ADV/skydiving.htm> (06.06.03).

Desert Express. 2003.„Namibia`s unique rail experiences". <http://www.desertexpress.com.na/main.htm> (19.03.03).

Deutsch Namibische Gesellschaft e.V. „Das Südwesterlied". <http://www.dngev.de/gesell/land/lexikon/s/südwest.htm> (30.11.02).

Deutsch Namibische Gesellschaft e.V. „Nationalhymne" <http://www.dngev.de/gesell/land/lexikon/h/hymne.jpg> (30.11.02).

Deutsche Gesellschaft für Tourismuswissenschaft e. V. „Ziele". <http://www.dgt.de/> (13.03.03).

Die Zeit. „Zeit-Reisen. Namibia auf neuen Wegen". <http://reisebeilage.zeit.de/zeitreisen/namibia/index_html> (08.06.03).

Dierks, Klaus. „Namibias Schienenverkehr zwischen Aufbau und Rückgang". <http://www.klausdierks.com/frontpage.html> (19.03.03).

Dierks, Klaus. 2001. "‖KHAUXA!NAS. Die Entdeckung der verlorenen Stadt der Kalahari". <http://www.klausdierks.com/frontpage.html.> (05.03.03).

Dierks, Klaus. 2001. „Pfade, Pads und Autobahnen. Verkehrswege erschließen ein menschenleeres Land." <http://www.klausdierks.com/Strassen/index.html> (18.03.03).

Dierks, Klaus. 2003. "Chronologie der namibischen Geschichte. Von der vorgeschichtlichen Zeit zur Unabhängigkeit und danach". <http://www.klausdierks.com/Geschichte/1.htm> (05.03.03).

Directorate of Environmental Affairs (DEA), Ministry of Environment and Tourism (MET), Namibia. „Atlas of Namibia, Tourist Accomodation". <http://www.dea.met.gov.na/data/Atlas/zip_files/Fig%205.34%20Tourism%20accommodatio n%20-%20database.zip> (02.05.03).

Djoser: „Reisen auf andere Art". 2003/2004, S. 64.

Dornseif, Golf. 18. Juli 1999. „Glanz und Elend der Diamanten-Pioniere". <http://www.traditionsverband.de/> (15.03.03).

Dr.Tigges: „Asien, Afrika, Amerika, Australien". 2002, S. 96.

Duenbostel, Jürgen: „Namibia nach der Unabhängigkeit. … ‚Ist das die Freiheit für die wir gekämpft haben?'. *Die Zeit*, 22.03.1991.

Erb, Elke: „Eine Kamelfarm bei Swakopmund". *Namibia Magazin* 3/2001, S. 24-25.

Etosha Fly-In Safaris. "Tägliche Pirschfahrten in den östlichen Teil des Etoscha Parks" <http://www.etosha.com/gamedr_g.htm> (10.05.03).

Explorer: „Fernreisen. Südliches Afrika". 2002, S. 44.

Fischer, Wolfgang. „Ombili und Buschmanntrail". <http://home.t-online.de/home/cwfischer/video.htm> (13.05.03).

Fischer, Wolfgang. „Ombili". <http://home.tonline.de/home/cwfischer/ombili.htm> (13.05.03).

Frandsen, Robin: *Map of Etosha*. Durban: Fishwick Printers. o. J. (hrsg. v. Honeyguide Publications).

Freyer, Walter: *Tourismus und Wissenschaft – Chance für den Wissenschaftsstandort Deutschland*. S. 218-237. In: Feldmann, Olaf (Hg.): *Tourismus – Chance für den Standort Deutschland*. Baden-Baden: Nomos Verlagsgesellschaft, 1997.

Freyer, Walter: *Tourismus. Einführung in die Fremdenverkehrsökonomie*. München/Wien: Oldenbourg Verlag, [7]2001 (hrsg. v. Freyer, Walter: *Lehr- und Handbücher zu Tourismus, Verkehr und Freizeit*).

Frömel, Susanne: „Heimatmelodien". *Die Zeit*, 29.08.2002, S. 51.

Gastro Facts online. „Ein Jahr nach dem 11. September". <http://www.gastrofacts.ch/news/branche/data/2002/09_02/september_2002_05.htm> (10.04.03).

Gebeco: „Südliches Afrika und Indischer Ozean". 2002/2003, S. 10.

Globales Lernen. „Dimensionen, Perspektiven und Wirkungen des Entwicklungsländer-Tourismus". <http://www.globales-lernen.de/Schwerpunkte/Reisen/kern1.htm> (13.03.03).

Goway. „Rail Experiences". <http://www.goway.com/africa/dune_express.html> (18.03.03).

Grill, Bartholomäus: „Die vergessene Epidemie". *Die Zeit*, 08.05.2003, S. 14.

Groth, Siegfried: *Namibische Passion. Tragik und Größe der namibischen Befreiungsbewegung.* Wuppertal: Peter Hammer Verlag, 1995.

Grünert, Nicole: *Namibias faszinierende Geologie. Ein Reisehandbuch.* Göttingen: Klaus Hess Verlag, ^{2}2000 [^{1}1999].

Guerba: „Africa in close up". 2002/2003, S. 48.

Günter, Wolfgang: *Pädagogik zwischen Massentourismus und Bildungsreise. Zur Entwicklungs- und Problemgeschichte der Reisepädagogik.* S. 9-23. In: Isenberg, Wolfgang (Hg.): *Phänomen Tourismus. Interdisziplinäre Beiträge zur Erforschung des Reisens.* Bergisch Gladbach: Thomas-Morus-Akademie, 1998.

Hagen, Wally u. Horst: „Big five". *Terra*, 4/2002, S. 16-33.

Halbach, Axel J.: *Grundlagenstudie Namibia.* München: Dissertations- und Fotodruck Prank GmbH, 1989 (hrsg. v. Ifo-Institut für Wirtschaftsforschung: *Sektorstudie Tourismus. Struktur, Potential und Förderungsmöglichkeiten*, Bd. 12).

Hälbich, Edgar. „Swakop-Brücke ab heute wieder offen." *Allgemeine Zeitung online*, 06.12.2002. <http://www.az.com.na/az/index.html> (15.12.02).

Hälbich, Edgar. „Waterfront wird konkret". *Allgemeine Zeitung online*, 07.11.2002. <http://www.az.com.na/az/artikel/az-artikel.php4?rubrik=lokales&artikelnummer=1772> (06.06.03).

Hamilton III, William J.; Hughes, Carol and David: „The Living Sands of the Namib". *National Geographic*, September 1983, S. 364-377.

HAN - Hospitality Association of Namibia.<http://www.hannamibia.com> (16.05.03).

HAN. "About Han". <http://www.hannamibia.com/html/Han.php?mainid=1&subid=1> (02.05.03).

Harring, Sid. „Commentary on the Environmental Assessment Report of the Feasibility Study on the Proposed Lower Cunene Hydropower Scheme".<http://www.irn.org/programs/safrica/epupareview/social.html> (21.03.03).

Heine, Attila. „Infrastrukturen". <http://www.beepworld.de/members43/namibiadatenfakten/infrastrukturen.htm> (17.03.03).

Heinrich, Dirk. „Arroganz unerwünscht". *Allgemeine Zeitung online*, 02.05.2003. <http://www.az.com.na/az/artikel/az-artikel.php4?rubrik=lokales&artikelnummer=2212> (07.05.03).

Heinrich, Dirk. „Daberas Mine soll für zehn Jahre Diamanten liefern". *Allgemeine Zeitung online*, 03.06.2002. <http://www.az-namibia.de/artikel/az-artikel.php4?rubrik=wirtschaft&artikelnummer =487> (12.01.03).

Heinrich, Dirk. „Präsident jagt in Etoscha". *Allgemeine Zeitung online*, 20.12.2002. <http://www.az.com.na/az/artikel/az-artikel.php4?rubrik=lokales&artikelnummer=1910> (05.05.03).

Heinrich, Dirk. „Sauberkeit hat Priorität". *Allgemeine Zeitung online*, 12.12.2002. <http://www.az.com.na/az/artikel/az-artikel.php4?rubrik=lokales&artikelnummer=1889> (06.06.03).

Heinrich, Dirk. „Weltumwelttag gefeiert". *Allgemeine Zeitung online*, 06.06.2002. <http://www.az.com.na/az/index.html> (03.04.03).

Henkel, Michael (Hg.): „Weltweit … mit Freunden reisen …". *Henkalaya e. K.*, 2003, S. 81.

Heß, Klaus (Hg.): „Eine Idee setzt sich durch: Immer mehr Conservancies". *Namibia Magazin* 3/2001, S. 30.

Heß, Klaus (Hg.): „Geplante Hotelentwicklung am Diaz Point". *Namibia Magazin* 3/2001, S. 30.

Heß, Klaus (Hg.): „Straßennamen sorgen für Aufregung". *Namibia Magazin* 4/2001, S. 5.

Heussen, Sven. „Neuanfang für Air Namibia". *Allgemeine Zeitung online*, 17.01.2003. <http://www.az.com.na/az/index.html> (20.01.03).

Heussen, Sven. „Ramatex soll Hunger stillen". *Allgemeine Zeitung online*, 16.01.2002. <http://www.az.com.na/az/index.html> (17.03.03).

Heussen, Sven. „Späte Initiative". *Allgemeine Zeitung online*, 17.09.2002. <http://www.az-namibia.de/artikel/az-artikel.php4?rubrik=lokales&artikelnummer=1622> (05.02.03).

Heussen, Sven. „Stadtverwaltung warnt vor verdrecktem Wasser". *Allgemeine Zeiung online*, 10.01.2003. <http://www.az.com.na/az/index.html> (24.03.03).

Hodgson, Bryan; Brandenburg, Jim: „Namibia – Nearly a Nation". *National Geographic*, June 1982, S. 755-797.

Hoffmann, Giselher: „Brautschau". *Merian*, November/1997, S. 81-89.

Hoffmann, Ruth: „Schwarze Löcher über Afrika". *Die Zeit*, 03.04.2003, S. 30.

Hofmann, Eberhard. „Schwer belastet". *Allgemeine Zeitung online*, 15.01.2003. <http://www.az.com.na/az/index.html> (24.03.03).

Hofmann, Eberhard. „Shikongo nimmt Anlauf auf Qualität". *Allgemeine Zeitung online*, 19.06.2002. <http://www.az.com.na/az/artikel/az-artikel.php4?rubrik=lokales&artikelnummer=1315> (08.05.03).

Holm-Petersen, Erik: *Tourism in Namibia*. S. 92-94. In: Ministry of Environment and Tourism (Hg.): *Namibia Environment. Volume 1*. Windhoek: Gamsberg Macmillan Publishers, 1997.

Horenburg, Thorsten: *Tourismus in Namibia*. Köln: 1998.

Horizon. „Fish River Canyon. The sights". <http://www.horizon.fr/namibia/ainfofishriver.html> (20.05.03).

Hunziker, Walter: *Fremdenverkehr*. S. 48-62. In: Hofmeister, Burkhard; Steinecke, Albrecht (Hg.). *Geographie des Freizeit- und Fremdenverkehrs*. Darmstadt: Wissenschaftliche Buchgesellschaft, 1984 (*Wege der Forschung*, Bd. 592).

Hüser, Klaus u.a.: *Namibia. Eine Landschaftskinde in Bildern*. Göttingen: Klaus Hess Verlag, 2001.

ICL. Februar 1990. „Namibia Constitution". <http://www.oefre.unibe.ch/law/icl/wa00000_.html#A001_> (04.12.02).

Institut für öffentliche Dienstleistungen und Tourismus. „Association Internationale d'Experts Scientifiques du Tourisme". <http://www.idt.unisg.ch/org/idt/main.nsf/3740383e39272e4441256c6a002d1251/43c6ad04e4b327 13c1256c6a0050c67c?OpenDocument> (18.04.03).

Institute for Public Policy Research, Windhoek. „The IJG Business Climate Monitor für November 2002". <http.//www.ippr.org.na/BCM_Nov2002.htm> (08.05.03).

Intercape. „Routes". <http://www.intercape.co.za/> (18.03.03).

Iwanowski, Michael: *Namibia. Reise-Handbuch.* Dormagen: Iwanowski`s Reisebuchverlag, [20]2002.

Iwanowski's Reisen. "Etoscha National Park: Geführte Tagessafaris". <http://www.iwanowski.de/news/news_view.php3?action=view&nwid=212> (10.05.03).

Iwanowski's Reisen. „Etoscha: Neuer Zugang im Norden". <http://www.iwanowski.de/news/news_view.php3?action=view&nwid=281> (08.05.03).

Jacana Tours: „Südliches Afrika". 2002, S. 29.

Jäschke, Uwe: *Namibia. Map 2002.* Windhoek: Projects & Promotions. 2002.

Jenkins, Carson L.: *The Development of Tourism in Namibia.* S. 113-128. In: Dieke, Peter U.C. (Hg.): *The political economy of tourism in Africa.* New York/Sydney/Tokyo: Cognizant Communication Corporation, 2000.

Kainbacher, Paul: *Der Fremdenverkehr in Namibia und seine Entwicklungsmöglichkeiten.* Wien: 1995.

Kanzler, Sven-Eric: „Lüderitz poliert seine Juwelen". *Travel News Namibia. Deutsche Sonderausgabe,* Januar-Juni 2002, S. 12-13.

Kanzler, Sven-Eric: „Marsch gegen das Vergessen". *Travel News Namibia. Deutsche Sonderausgabe,* Januar-Juni 2002, S. 23.

Karawane Reisen: „Erlebnis Studienreise". 2003, S. 128-131.

Kashjuna Hunting Lodge. „Jagdmöglichkeiten auf der Kashjuna Hunting Lodge". <http://www.kashjuna-lodge.de/> (07.06.03).

Kaspar, Claude: *Die Tourismuslehre im Grundriss. St. Galler Beiträge zum Tourismus und zur Verkehrswirtschaft.* Bern/Stuttgart: Haupt Verlag, [4]1991. (*Reihe Tourismus*, Bd. 1).

Kenna, Constance (HG.). *Die „DDR_Kinder" von Namibia – Heimkehrer in ein fremdes Land.* Göttingen: Klaus Hess Verlag, 1999.

Kesselmann, Heiko: *Entwicklung und Umsetzung eines sanften Tourismus in Namibia, mit besonderer Berücksichtigung des Namib Rand Naturschutzgebietes.* S. 131-147. In: Kirstges, Torsten; Lück, Michael (Hg.): *Umweltverträglicher Tourismus. Fallstudien zur Entwicklung und Umsetzung Sanfter Tourismuskonzepte.* Meßkirch: Armin Gmeiner Verlag, 2001.

Klimm, Ernst u.a.: *Das südliche Afrika,* Bd. 2. *Namibia – Botswana.* Darmstadt: Wissenschaftliche Buchgesellschaft, 1994 (hrsg. v. Storkebaum, Werner: *Wissenschaftliche Länderkunden,* Bd. 39).

Kock, Claus: „Realitäten der Landfrage". *Allgemeine Zeitung,* 15.10.2002, S. 9.

Köthe, Friedrich; Schetar, Daniela: *Namibia.* München: Polyglott Verlag, 2001.

Kristallgalerie. <http://www.kristallgalerie.com/> (06.06.03).

La Rochelle. „Jagen auf La Rochelle". <http://www.la-rochelle-hunting-lodge.de/Frames/IndexlodgeFrame.htm> (07.06.03).

Ladmiral, Jean-René, Lipiansky, Edmond Marc: *Interkulturelle Kommunikation. Zur Dynamik mehrsprachiger Gruppen.* Frankfurt am Main: Campus Verlag GmbH, 2000 (hrsg. v. Nicklas, Hans: *Europäische Bibliothek interkultureller Studien.* Bd. 5).

Lamping, Heinrich: *Tourismusstrukturen in Namibia. Gästefarmen – Jagdfarmen – Lodges – Rastlager.* Frankfurt/Main: Selbstverlag des Institutes für Wirtschafts- und Sozialgeographie, 1996 (hrsg. v. Gruber, G. u. a.: *Frankfurter Wirtschafts- und Sozialgeographische Schriften,* Heft 69).

Lernidee: „Diamant Afrikas. Mit dem Sonderzug durch Südafrika und Namibia". 2002, S. 2; 39.

Leser, Hartmut: *Namibia.* Stuttgart: Ernst Klett Verlag, 1982.

LTU plus: „Wohltuend anders". 2002, S. 228.

Luft, Hartmut: *Grundlegende Tourismusbetriebslehre.* Limburgerhof: FBV-Medien-Verlags GmbH, 1996.

Martin, Henno: *Wenn es Krieg gibt, gehen wir in die Wüste.* Fulda: Two Books, [2]2002 [[1]2001].

Maßmann, Ursula: *Swakopmund. Eine kleine Chronik.* Swakopmund: Gesellschaft für Wissenschaftliche Entwicklung, [5]1998 [[1]1982].

Meet-Namibia. „15.11.02. Namutoni – Tsintsabis – Muramba Bushman". <http://www.meet-namibia.7to.de/namibia2002_3.htm> (13.05.03).

Meiers`s Weltreisen: „Afrika. Indischer Ozean, Orient". 2003, S. 136; 150-155.

Merkel, Angela: *„Nachhaltiger Tourismus" – Herausforderung und Zukunftschance.* S. 178-186. In: Feldmann, Olaf (Hg.): *Tourismus – Chance für den Standort Deutschland.* Baden-Baden: Nomos Verlagsgesellschaft, 1997.

Metzger, Fritz: *Wassererschließung in Namibia.* Windhoek: Namibia Wissenschaftliche Gesellschaft, 1998.

Ministerium für Schule, Wissenschaft und Forschung des Landes Nordrhein-Westfalen (Hg.): *Grundschule. Richtlinien und Lehrpläne.* Frechen: Ritterbach Verlag GmbH, 1985.

Ministry of Environment and Tourism, Directorate of Environmental Affairs. „SOER Socio-Economic Balance Sheet 1998". <http://www.dea.met.gov.na/data/publications/reports/soesoec1.pdf> (06.05.03).

Ministry of Environment and Tourism. "Fish River Canyon". <http://www.horizon.fr/namibia/ainfofishriver.html> (20.03.03).

Ministry of Environment and Tourism. „Sea temperatures. Swakopmund". <http://www.dea.met.gov.na/data/Atlas/zip_files/Sea%20temperatures%20at%20Swakopmun d.zip> (06.05.03).

Ministry of Fisheries and Marine Resources. „Employment". <http://www.mfmr.gov.na/fishing industry/statistics/employment.htm> (12.03.03).

Mola Mola. „Dolphin & Seal Cruises". <http://www.mola-mola.com.na> (12.02.03).

Morris, Dave; Klein, Claudia (Hg.): *Southern African. Where to stay. Namibia, South Africa, Zimbabwe, Zambia and Botswana.* Cape Town/Windhoek: Colourgem Publications, 2002 b (hrsg. v. *Colourgem. Effective Tourism Promotion*).

Morris, Dave; Klein, Claudia (Hg.): *Walvis Bay. Namibia's gateway to trade and tourism.* Windhoek: Colourgem Publications, 2002 a (hrsg. v. *Colourgem. Effective Tourism Promotion*).

Mousebird Backpackers und Safaris. "Sightseeing – Der Hoba Meteorit". <http://www.mousebird.de/meteorit.html> (13.05.03).

Mundt, Jörn W.: *Einführung in den Tourismus.* München/Wien: Oldenbourg Verlag, ²2001.

Nachtwei, Winfried: *Namibia. Von der antikolonialen Revolte zum nationalen Befreiungskampf.* Mannheim: Jürgen Sendler Verlag, 1976 (*Nationale Befreiung,* Bd.7).

NACOBTA. 2001. „Verband namibischer Gemeinden zur Gründung tourismus-orientierter Unternehmen". <http://www.nacobta.com.na/ge/Index.htm> (02.05.03).

Namib Sun Hotels. „Specials. For South African citizens and Permanet Residents". <http://www.namibsunhotels.com.na/english/e_main.htm> (15.05.03).

Namib Web. 1998. „Kristall Kellerei winery in Omaruru". <http://www.namibweb.com/winery.htm> (13.03.03).

Namibfun. „Event Archives". <http://www.namibfun.com.na/event.php> (05.06.03).

Namibia Tourism Board (Hg.): "Namibia. Land der Kontraste". *Land of Contrasts,* 2003, S. 1-22.

Namibia Tourism Board (Hg.): *Namibia. Schauspiel der Natur.* Frankfurt/Main: Bresink Eckert Wenz Werbeagentur GmbH, 2002.

Namibia Tourism Board (Hg.): *Willkommen in Namibia. Amtlicher Reiseführer 2003.* Windhoek: Solitaire Press, 2003.

Namibia Tourism Board (Hg.): *Willkommen in Namibia. Touristen Beherbergungs- und Onformationsführer 2002.* Windhoek: Solitaire Press, 2002.

Namibia Tourism Board. „Namibia – Zauber der Natur". <http://www.namibia-tourism.com/reitipps/geologie.htm> (27.01.03).

Namibia Tourism. Board Frankfurt. 2003. „Flughafen". <http://www.namibia-tourism.com/gzw-a-z/a-z_flughafen.htm> (21.03.03).

Namibia Tourismus Informations System. <http://www.ntis-online.com> (16.05.03).

Namibia Trade Directory. 2000. „Physical infrastructure." <http://www.tradedirectory.com.na/info.php?mode=single&entryid=394> (19.03.03).

Namibia Travel Online. <http://www.natron.net> (16.05.03).

Namibia-Camping. <http://www.thomasrichter.de/namibia> (16.05.03).

Namibiareservations. „Top 5 Namibia Wildlife Resorts". <http://www.namibiareservations.com/namibiawildliferesorts.html> (08.05.03).

Namibiatouristik. „Brandungsangeln an Namibias Küste". <http://www.namibiatouristik.de/4/4_5.html> (06.06.03).

Namibweb.com - The Online Guide to Namibia. <http://www.namibweb.com> (16.05.03).

Natron Net. „Aktiv sein im Land der Kontraste – Golfen". <http://www.natron.net/best-travel/golf.html> (06.06.03).

NIED. „General Information on NIED". <http://www.nied.edu.na/nied/geninfo.htm> (25.03.03).

Noack, Hans-Christoph: „Urlaub in der Krise". *FAZ*, 08.03.2003, S. 1.

Noczil, Birgit. „Konfrontation bleibt aus". *Allgemeine Zeitung online*, 27.11.2002. <http://www.az.com.na/az/artikel/az-artikel.php4?rubrik=lokales&artikelnummer=1834> (11.05.03).

Noczil, Birgit. „Streit um Safari-Konzession in Nationalpark". *Allgemeine Zeitung online*, 26.11.2002. <http://www.az.com.na/az/artikel/az-artikel.php4?rubrik=lokales&artikelnummer=1831> (11.05.03).

Noczil, Birgit. „Studie zu Popa-Kraftwek im Juni beendet". *Allgemeine Zeitung online*, 07.02.2003. <http://www.az.com.na/az/index.html> (24.03.03).

Nuhn, Walter: *Feind überall. Der große Nama-Aufstand (Hottentottenaufstand) 1904-1908 in Deutsch-Südwestafrika (Namibia). Der erste Partisanenkrieg in der Geschichte der deutschen Armee.* Bonn: Bernard & Graefe Verlag, 2000.

Okalele´s Afrika-Portal, Namibia. <http://www.okalele.de/afrikaportal/namibia/namibia.htm> (16.05.03).

Okambara Game Ranch. „Wein aus Namibia: Die Kristall Kellerei in Omaruru". <http://www.okambara.de/1.k35_main.htm> (11.03.03).

Opaschowski, Horst W.: *Tourismus. Systematische Einführung – Analysen und Prognosen.* Opladen: Leske und Budrich, 1996 (*Freizeit- und Tourismusstudien*, Bd. 3).

Pack, Livia u. Peter: *Travel Handbuch Namibia.* Berlin: Stefan Loose Verlag, 2002.

Peace Parks Foundation. „Profile.Objectives". <http://www.peaceparks.org/> (06.06.03).

Petersen, Elisabeth: *Namibia.* Köln: Vista Point Verlag, ²1999.

Pleasureflights. „Namibia Air Charter Flights". <http://www.pleasureflights.com.na> (05.06.03).

Pro Wildlife: „Elefanten erneut im Visier der Jäger". <http://www.prowildlife.de/Projekte/Elefanten/Elfenbein.html> (15.03.03).

Radio Kudu. <http://www.radiokudu.com.na/> (21.03.03).

Reit Safari. „Reitsafari in Namibia". <http://www.reitsafari.com/haupt.htm> (07.06.03).

Reservations Africa. „Epacho Game Lodge und Spa". <http://resafrica.net/epacha-game-lodge.de/> (08.05.03).

Rhein-Zeitung online. „Entsetzen bei Tierschützern – Jubel in Japan". <http://rhein-zeitung.de/old/97/06/21/topnews/elfenbein.html> (15.03.03).

Ritz Desert Lodge. "Accommodation – our guestrooms with views into Namibia's famous desert". <http://www.desertlodge.web.na/accommodation.htm> (06.06.03).

Rössing Uranium Mine. „Social, environmental and statistical report 2001". <http://www.rossing.com/reports/se1_10.pdf> <http://www.rossing.com/reports/se11_22.pdf> (16.03.03).

Rotel Tours: „Das Rollende Hotel". 2003, S. 57.

Rumpf, Hanno: *Facts and Figures. Die EG-Tourismus-Studie über Namibia und die Ziele der namibischen Regierung.* S. 5-20. In: Lamping, Heinrich; Jäschke, Uwe (Hg.): *Namibia – Perspektiven und Grenzen einer touristischen Erschließung.* Frankfurt/Main: Selbstverlag des Institutes für Wirtschafts- und Sozialgeographie, 1994 (*Frankfurter Wirtschafts- und Sozialgeographische Schriften*, Heft 66).

SAFRI. „Engagement lohnt sich – politisch, wirtschaftlich und menschlich". <http://www.safri.de/frame_german.asp> (02.05.03).

SAFRI. „SAFRI stellt Tourismus-Studie vor". <http://www.safri.de/tourism_a_german.html> (02.05.03).

Schalkwyk van, Paul (Hg.): „Hotel school in Swakop". *Travel News Namibia,* Dezember 2002 - Januar 2003, S. 6.

Schalkwyk van, Paul (Hg.): „Wichtige Reiseziele in Namibia". *Travel News Namibia*, Januar-Juni 2002, S. 4.

Schalkwyk van, Paul (Hg.): *Namibia. Holiday and Travel. The official namibian tourism directory.* Windhoek: Venture Publications, 2003.

Schetar, Daniela; Köthe, Friedrich: „Hereroland. Reise durch die Buschsavanne der Herero". *HB Bildatlas Special. Namibia*, 61, S. 22-33.

Schetar, Daniela; Köthe, Friedrich: „Norden. Das schwarze, vitale Herz des Landes". *HB Bildatlas Special Namibia*, 61, S. 57-69.

Schetar, Daniela; Köthe, Friedrich: *Namibia. Handbuch für individuelles Reisen und Entdecken.* Markgröningen: Reise Know-How Verlag, ³2002 [¹1996].

Schillergymnasium Münster. „Das Schuldorf Baumgartsbrunn in Namibia". <http://www.muenster.de/~schiller/namibia/namibia_stiftung.html> (25.03.03).

Schmid-Pieters, Anita <core@mweb.com.na>. 18.08.02. „Namibia B&B Info" Persönliche E-Mail (19.08.02).

Schmidt-Lauber, Brigitta: *Weihnachten im Sommer: Zur Konstruktion deutscher Identität in Namibia.* Basel: BAB, 1998 (hrsg. v. *Basler Afrika Bibliographien*).

Schmitt, Wilfried, G. „Heilung durch Reisen". <http://www.selbstheilungskraefte.de/hdr.htm> (10.05.03).

Schneider, G.I.C.: *Bergbauliche Ressourcen und ihre Nutzungsmöglichkeiten.* S. 185-206. In: Lamping, Heinrich; Jäschke, Uwe (Hg.): *Föderative Raumstrukturen und wirtschaftliche Entwicklungen in Namibia.* Frankfurt/Main: Selbstverlag des Institutes für Wirtschafts- und Sozialgeographie, 1993 (*Frankfurter Wirtschafts- und Sozialgeographische Schriften*, Heft 64).

Schneider, G.I.C.; Schneider, M.B.: *Grundlagen zur geographischen und geologischen Ausgangssituation Südwestafrikas/Namibias.* S. 37-56. In: Lamping, Heinrich (Hg.): *Namibia. Ausgewählte Themen der Exkursion 1988.* Frankfurt/Main: Selbstverlag des Institutes für Wirtschafts- und Sozialgeographie, 1989 (*Frankfurter Wirtschafts- und Sozialgeographische Schriften*, Heft 53).

Schneider, Gabi: „The Petrified Forest". *Tourismus Namibia. Eine Beilage der Allgemeinen Zeitung*, Oktober 2001, S. 9.

Schönrock`s Weinexoten. „Unsere Weine aus Namibia". <http://www.weinexoten.de/Namibia.html#Namibia> (11.03.03).

Schreiber, Irmgard. „Jeder dritte ist arbeitslos". *Allgemeine Zeitung online*, 24.03.2003. <http://www.az.com.na/az/index.html> (24.03.03).

Schwarz, Birgit: „Vertreibung aus der Savanne". *Der Spiegel*, 45/2002, S. 152-155.

Seckelmann, Astrid: *Siedlungsentwicklung im unabhängigen Namibia. Transformationsprozesse in Klein- und Mittelzentren der Farmzone.* Hamburg: Institut für Afrikakunde, 2000 (*Hamburger Beiträge zur Afrika-Kunde*, Bd. 60).

Southern Africa Where to Stay. <http://www.wheretostayonline.com> (16.05.03).

Speich, Richard: *Tourismus in Namibia als Wirtschaftsfaktor und Grundlage wirtschaftsräumlicher Entwicklungen.* S. 61-74. In: Lamping, Heinrich; Jäschke, Uwe (Hg.): *Namibia – Perspektiven und Grenzen einer touristischen Erschließung.* Frankfurt/Main: Selbstverlag des Institutes für Wirtschafts- und Sozialgeographie, 1994 (*Frankfurter Wirtschafts- und Sozialgeographische Schriften,* Heft 66).

Spiegel online. „Jahrbuch 2003. Namibia". <http://www.spiegel.de/jahrbuch/0,1518,NAM,00.html> (15.03.03).

Springer, Dirk. „Tourismusindustrie weiterhin im Aufwind". *Allgemeine Zeitung online*, 20.11.2002. <http://www.az-namibia.com/az/artikel/az-...1.php4?rubrik=lokales&artikelnummer=1815> (25.11.02).

Springer, Marc. „Alarmierende Ernteprognose". *Allgemeine Zeitung online*, 04.04.2003. <http://www.az.com.na/az/index.html> (05.04.2003).

Springer, Marc. „Regierung lehnt angebotene Farmen ab". *Allgemeine Zeitung online*, 17.04.2003. <http://www.az.com.na/az/index.html> (17.04.03).

Stadtmüller, Carola. „Wissen ist nicht immer Macht". *Allgemeine Zeitung online*, 26.11.2002. <http://www.az.com.na/az/index.html> (15.02.03).

Statistisches Bundesamt. <http://www.destatis.de/cgi-bin/ausland_suche.pl> (03.12.02).

Statistisches Bundesamt/Eurostat (Hg.): *Länderbericht Namibia 1992.* Wiesbaden: Metzler u. Poeschel Verlag, 1992.

Südafrika Tours (SAA): „Das umfassende Reiseprogramm ins Südliche Afrika auf dem deutschen Markt". 2002, S. 90-92.

Sun Bay Cruise: „Reisen in seiner schönsten Form". 2002/2003, S. 28.

Sunvil Guide to Namibia. <http://www.sunvil.co.uk/africa/namibia/guidebook/intro.htm> (16.05.03).

TASA. 2001. „Who we are ...". <http://www.tasa.na/main.htm> (02.05.03).

Ten Africa Tours. 2003. „Air Namibia mit Airbus statt boing". <http://www.tenafricatours.com/info/news/archiv/detail/index.php?newsid=51> (10.02.03).

Ten Africa Tours. 2003. „Endgültige Schließung des Eros Flughafens am 7. Februar". <http://www.tenafricatours.com/info/news/archiv/detail/index.php?newsid=58> (10.02.03).

Tenafricatours. „Dritter Etosha-Eingang eröffnet". <http://www.tenafricatours.com/info/news/archiv/detail/index.php?newsid=60> (05.02.03.).

Tenafricatours. „Verwirrung im und ums Sossusvlei". <http://www.tenafricatours.com/info/news/archiv/detail/index.php?newsid=68> (23.03.03).

The Bed & Breakfast Association of Namibia. <http://www.bed-breakfast-namibia.com/memberlist.html> (16.05.03).

The Namibia Economist. „Life after 11 September". <http://www.economist.com.na/2002/28june/05-28-18.html> (11.06.03).

The Namibian Connection, Accomodation Directory. <http://www.orusovo.com/accommodation/default.htm> (16.05.03).

The Namibian, Windhoek. "Tourism Industry 'Must Beef Up its Service'".<http://allafrica.com/stories/200305040006.html> (11.06.03).

The Namibian, Windhoek. „Tourism Industry 'Must Beef Up its Service'". <http://allafrica.com/stories/200305040006.html> (11.06.03).

The Republic of Namibia. „ Namibia in a Nutshell, Main Towns and Population Figures". <http://www.grnnet.gov.na/Nam_Nutshell/Land/Towns_Population.htm> (19.05.03).

Töpfer, Klaus: „Neue Wege gehen. Ein bewußter und nachhaltiger Umgang mit Energie tut not". *FAZ*, 02.04.2003, S. B1-B2.

TOURISTIK R.E.P.O.R.T. „Namibia renoviert seinen Tourismus." <http://www.touristikreport.de/archiv/tba/archiv/afrika/960761486327873536.html> (06.05.03).

Travel Beyond. 2003. „Shongololo Express Dates and Rates". <http://www.travelbeyond.com/trains/shongololo/dates-prices.htm> (18.03.03).

Trede, Christian. 2001. „Namibia: Wirtschaft". <http://www.namibia-online.de/de/namibia/de_nam_wir.htm> (16.03.03).

TUI: „Afrika". 2002/2003, S. 53.

Urban, Ilse: *Namibia – Land, Leute und Leben auf einer Farm*. Berlin: Frieling Verlag, 1996.

Vereinte Evangelische Mission. „Presse-Information. Die Kirchen in den Zeiten der AIDS-Pandemie. Fachtagung mit Podiumsdiskussion in Wuppertal." <http://www.vemission.org/index.html?/presse/pm2001/pm01-10-16.html> (02.04.03).

Vester, Heinz-Günter: *Jenseits der Erbsenzählerei. Der mögliche Beitrag der Soziologie zur Tourismusforschung.* S. 67-73. In: Isenberg, Wolfgang (Hg.): *Phänomen Tourismus. Interdisziplinäre Beiträge zur Erforschung des Reisens.* Bergisch Gladbach: Thomas-Morus-Akademie, 1998.

Vester, Heinz-Günter: *Tourismustheorie. Soziologische Wegweiser zum Verständnis touristischer Phänomene.* München/Wien: Profil-Verlag, 1999 (*Reihe Tourismuswissenschaftliche Manuskripte.* Bd. 6).

Vgl. Heussen, Sven. „Teure Lodge". *Allgemeine Zeitung online,* 08.07.2002. <http://www.az.com.na/az/artikel/az-artikel.php4?rubrik=wirtschaft&artikelnummer=531> (07.05.2003).

Vgl. Namibiareservations. "Top 15 viewed 2002". <http://www.namibiareservations.com/top15_2002d.html> (08.05.03).

Vista Verde News. „Überraschung: Konferenz lockert Verbot des Elfenbeinhandels – Wale geschützt". <http://www.vistaverde.de/news/Natur/0211/15_cites.htm> (15.03.03).

Vorlaufer, Karl: *Ferntourismus und Dritte Welt.* Frankfurt a. M.: Diesterweg, 1984 (hrsg. v. Karger, Adolf: *Studienbücher Geographie*).

Vries, Johannes Lucas de: *Namibia. Mission und Politik 1880-1918. Der Einfluß des deutschen Kolonialismus auf die Missionsarbeit der Rheinischen Missionsgesellschaft im früheren Deutsch-Südwestafrika.* Neukirchen-Vluyn: Neukirchener Verlag, 1980.

Walvis Bay Corridor Group. <http://www.wbcg.com.na/> (17.03.03).

Weber, Ingeborg; Wiebus, Hans-Otto: *Namibia.* Köln: DuMont Reiseverlag, [5]2002.

Weck, Udo H.: *Tourismus Marketing aus namibischer Sicht.* S. 43-54. In: Lamping, Heinrich; Jäschke, Uwe (Hg.): *Namibia – Perspektiven und Grenzen einer touristischen Erschließung.* Frankfurt/Main: Selbstverlag des Institutes für Wirtschafts- und Sozialgeographie, 1994 (*Frankfurter Wirtschafts- und Sozialgeographische Schriften,* Heft 66).

Wolf, Klaus; Jurczek, Peter: *Geographie der Freizeit und des Tourismus.* Suttgart: Eugen Ulmer GmbH, 1986.

World Health Organization. „Selected health indicators fort his country". <http://www3.who.int/whosis/country/indicators.cfm?country=nam> (17.03.03).

World Health Organization. „WHO Estimates of Health Personnel Namibia". <http://www3.who.int/whosis/health_personnel/health_personnel.cfm> (17.03.03).

Zimmers, Barbara: *Geschichte und Entwicklung des Tourismus.* Trier: Selbstverlag der Geographischen Gesellschaft Trier, 1995. (hrsg. v. Becker, Christoph: *Trierer Tourismus Bibliographien,* Bd. 7).